BEI GRIN MACHT SICH IHR WISSEN BEZAHLT

- Wir veröffentlichen Ihre Hausarbeit, Bachelor- und Masterarbeit

- Ihr eigenes eBook und Buch - weltweit in allen wichtigen Shops

- Verdienen Sie an jedem Verkauf

Jetzt bei www.GRIN.com hochladen und kostenlos publizieren

Stefan Seehagen

Aufbau und Entstehung von Zyklonen und Antizyklonen. Außertropische Zirkulation

GRIN Verlag

Bibliografische Information der Deutschen Nationalbibliothek:

Die Deutsche Bibliothek verzeichnet diese Publikation in der Deutschen National-
bibliografie; detaillierte bibliografische Daten sind im Internet über http://dnb.d-
nb.de/ abrufbar.

Impressum:

Copyright © 2004 GRIN Verlag GmbH
Druck und Bindung: Books on Demand GmbH, Norderstedt Germany
ISBN: 978-3-656-69363-5

Dieses Buch bei GRIN:

http://www.grin.com/de/e-book/109432/aufbau-und-entstehung-von-zyklonen-
und-antizyklonen-aussertropische-zirkulation

GRIN - Your knowledge has value

Der GRIN Verlag publiziert seit 1998 wissenschaftliche Arbeiten von Studenten, Hochschullehrern und anderen Akademikern als eBook und gedrucktes Buch. Die Verlagswebsite www.grin.com ist die ideale Plattform zur Veröffentlichung von Hausarbeiten, Abschlussarbeiten, wissenschaftlichen Aufsätzen, Dissertationen und Fachbüchern.

Besuchen Sie uns im Internet:

http://www.grin.com/

http://www.facebook.com/grincom

http://www.twitter.com/grin_com

Aufbau und Entstehung von Zyklonen und Antizyklonen – Außertropische Zirkulation

Stefan Seehagen

Inhalt

Abbildungen

1   Einführung

Das Klima der mittleren Breiten mit seinem unruhigen und wolkigen Wetter wird wesentlich durch wandernde Zyklonen beeinflusst. Deren niederschlagswirksame Frontensysteme werden häufig mit der troposphärischen Westwinddrift vom Atlantik nach Mitteleuropa gesteuert. Mitverantwortlich für die unbeständigen Witterungsverhältnisse dieses Raumes sind außerdem stationäre und wandernde Antizyklonen mit ihren Luftmassen unterschiedlicher Herkunft (vgl. HENDL 2002: 18).

Gegenstand dieser Arbeit sind Aufbau und Entstehung dieser Tief- und Hochdruckgebiete. Dazu werden zunächst die entsprechenden physikalischen Grundlagen bzw. Voraussetzungen und Antriebskräfte erläutert. Anschließend erfolgt ein erster Überblick über die Außertropische Zirkulation sowie die Darstellung der planetarischen Höhenwestwindzone und ihrer Bedeutung für den globalen Energieaustausch. Die Zirkulation in den unteren Schichten der außertropischen Atmosphäre mit den dazugehörigen Phänomenen wie Warm- und Kaltfronten bildet den Schluss dieser Arbeit.

2   Physikalische Grundlagen

Horizontale Luftbewegungen benötigen eine in derselben Richtung wirkende Antriebskraft. Die gesamte Allgemeine Zirkulation der Atmosphäre (AZA) entsteht aufgrund der Tatsache, dass sich durch die unterschiedliche Einstrahlung auf der Erde Temperatur- und Druckgegensätze bilden. Der unterschiedliche Luftdruck zwischen Äquator und Polen wird jedoch nicht analog zum Land-See-Wind in einem direkten Kreislaufsystem ausgeglichen, sondern vollzieht sich aufgrund der Erdrotation in zwei Hauptzirkulationssystemen: im tropischen Passatzirkulationssystem und im außertropischen Westwindsystem (vgl. MAUSER 2004). Um diesen Sachverhalt zu verdeutlichen werden nun mit der Gradient-, Coriolis-, Flieh- und Schwerkraft sowie der Reibung an der Erdoberfläche die Antriebskräfte horizontaler Windbewegungen bzw. der AZA genauer dargestellt.

2.1 Die Gradientkraft

Druckunterschiede in der Horizontalebene führen zur Entstehung eines horizontalen Luftdruckgradienten. Dieser lässt sich laut WEISCHET (1991: 125) definieren als „Luftdruckabnahme (-dp = Differenz von p) in einer Niveaufläche pro Streckeneinheit in der Richtung des stärksten Gefälles (dn = Distanz in Richtung senkrecht zu den Isobaren). Formelhaft geschrieben: grad p = - dp/dn." Folgende Darstellung verdeutlicht die Wirkung des Luftdruckgradienten.

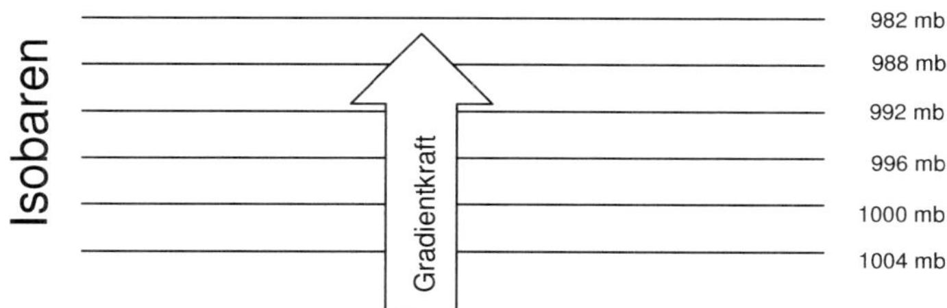

Abbildung 1: Wirkung des Luftdruckgradienten
Quelle: eigene Darstellung nach STRAHLER U. STRAHLER (1999: 98)

Diese entscheidende Kraft für horizontale Luftbewegungen entsteht zum einen durch Dichteunterschiede aufgrund von Temperaturunterschieden, zum anderen durch Druckunterschiede (vgl. MAUSER 2004). Auf das sich somit bewegende Luftpaket wirken jedoch weitere Kräfte, die einen oben dargestellten Druckausgleich auf dem direkten Weg verhindern.

2.2 Die Corioliskraft

Die Erdrotation ruft eine Scheinkraft hervor, die den Gradientwind von seiner ursprünglichen Richtung ablenkt. Diese Kraft wirkt senkrecht zur Windrichtung und führt auf der Nordhalbkugel zu einer Ablenkung nach rechts, auf der Südhalbkugel zu einer Ablenkung nach links. Mathematisch kann die Corioliskraft ausgedrückt werden als C = 2 ω sin φ v, wobei ω = Winkelgeschwindigkeit, φ = Breitenkreis und v = Windgeschwindigkeit. Daraus folgt, dass die Corioliskraft am Äquator = 0 ist, zu den Polen jedoch zunimmt.

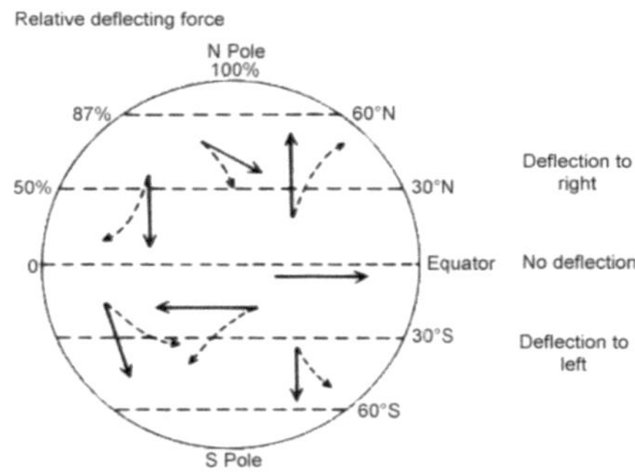

Abbildung 2: Die ablenkende Wirkung der Erddrehung
Quelle: MAUSER (2004) nach BRIGGS (1994)

Die Ablenkung von der vorgegebenen Richtung dauert letztlich so lange an, bis die Strömungsrichtung um 90° gedreht ist, und der sich Wind parallel zu den Isobaren bewegt. Bei dieser Situation des sogenannten geostrophischen Windes kann eigentlich kein Ausgleich zwischen Hoch- und Tiefdruckgebiet erfolgen (vgl. HÄCKEL 1993: 204). Dass es trotzdem zu Austauschvorgängen kommt wird für die Höhenwestwindzone in Kap. 3 erläutert, in bodennahen Bereichen ist die Reibungskraft der entscheidende Faktor.

2.3 Die Reibung an der Erdoberfläche.

Die bremsende Wirkung durch die Erdoberfläche hat zur Folge, dass der tatsächliche Wind gegenüber dem geostrophischen doch noch eine Komponente in Richtung des Druckgradienten behält. Dies liegt darin begründet, dass die Reibung die Windgeschwindigkeit reduziert, und mit dieser auch die Corioliskraft. Da die Gradientkraft jedoch gleich bleibt, erfolgt eine Ablenkung von der isobarenparallelen Richtung und es findet durch den entstehenden ageostrophischen Wind ein Druckausgleich statt. Allgemein kann für die Reibung festgehalten werden, dass sie über Wasser schwächer ist als über Land und dass sie mit zunehmender Höhe geringer wird (vgl. WEISCHET 1991: 140).

2.4 Die Fliehkraft

Treffen bewegte Luftmassen auf ein Luftdruckfeld mit gekrümmten Isobaren und kommen dadurch auf eine kurvige Bewegungsbahn, kommt zu den bisher genanten Kräften die Fliehkraft hinzu. Im Bereich einer Zyklone auf der Nordhalbkugel (NHK) wirkt diese in die gleiche Richtung wie die Corioliskraft, und muss deshalb hinzu addiert werden. Im Hochdruckgebiet auf der NHK wirkt die Fliehkraft dagegen in Richtung des Druckgradienten (vgl. BLÜTHGEN U. WEISCHET 1980: 361). Wie sich die Fliehkraft im Einzelnen äußert, kommt in Kap. 3 nochmals zur Sprache.

2.5 Gravitations- und Druckkraftkraft

Auf Luftmassen wirken natürlich grundsätzlich auch Schwerkraft und Druckkraft. Unter normalen Bedingungen gleichen sich diese jedoch aus, so dass keine vertikale Luftbewegung stattfindet. Innerhalb der AZA kommt es jedoch zu einer Vielzahl von Auf- und Abwärtsbewegungen. Diese werden in Kapitel 3 nochmals angesprochen.

3   Die außertropische Zirkulation

Wie bereits erwähnt führt die starke Einstrahlung am Äquator zu sich erwärmenden und somit aufsteigenden Luftmassen. In der Höhe erfolgt eine nord- bzw. südwärts gerichtete Luftbewegung, die durch die oben beschriebene Corioliskraft jedoch ostwärts abgelenkt wird. Bei ca. 30° N bzw. S ist aus der ursprünglich polwärts gerichteten Luftströmung ein Höhenwestwind geworden, der ein weiteres Vordringen nach Norden und Süden verhindert. Durch den entstehenden hohen Luftdruck und die Abkühlung in der Höhe beginnt die Luft abzusinken. In den tieferen Luftschichten entsteht ein Hochdruckgebiet, nämlich der subtropische Hochdruckgürtel. In Erdnähe muss die absinkende Luft nun wegfließen, wobei sich ein Teil polwärts, der größere Teil jedoch in Richtung des bodennahen Tiefs am Äquator bewegt und damit die Hadley-Zirkulation als wesentliches Element der innertropischen Zirkulation bildet (vgl. STRAHLER U. STRAHLER 1999: 110).

An der polwärtigen Seite der Hadley-Zellen ist die Luftströmung als Höhenwestwind nach Osten gerichtet. Das bereits angesprochene Energiegefälle zwischen Äquator und Polen ist in den mittleren Breiten zwischen 30° und 50° am stärksten, was dort auch zu einer sehr starken Westwindströmung führt. Gleichzeitig strömt kalte Luft vom bodennahen Hochdruckgebiet am Pol südwärts. Da auch diese Luftmassen von der Corioliskraft abgelenkt werden, entsteht eine Kontaktzone mit ostwärts strömender tropischer Warmluft und westwärts strömender polarer Kaltluft. An dieser Polarfront findet zunächst kein Austausch von Energie statt. Dieser Zustand würde zu einem ständigen Ansteigen des Druckunterschiedes führen, was auf Dauer zu einer instabilen Situation führen muss (vgl. WEISCHET 1991: 225). Wie der notwendige Austausch abläuft, ist im nächsten Abschnitt erläutert.

3.1 Die Zirkulation in der planetarischen Höhenwestwindzone

Die gleichförmige Westwindbewegung wird häufig durch großräumige Schwingungen gestört. Diese so genannten Rossby-Wellen bilden sich an der Polarfront und sind verantwortlich für den stattfindenden Energieaustausch durch Transport warmer Luftmassen polwärts bzw. kalter Luftmassen Richtung Äquator. Folgende Abbildung zeigt die Entstehung dieser Wellen.

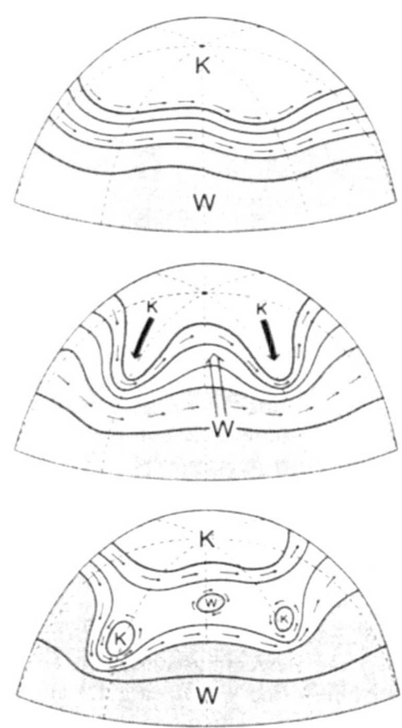

Abbildung 3:Entstehung der Rossby-Wellen in der höheren Atmosphäre der Westwindzone
Quelle: WEISCHET (1991: 226)

Zunächst befindet sich die Polarfront in relativ stabilem Zustand. Polare Kaltluft und tropische Warmluft sind klar von einander getrennt. Die Westwindbewegung zeigt jedoch bereits einen leicht wellenförmigen Verlauf. In der zweiten Darstellung verstärkt sich diese und es entstehen Rossby-Wellen. Die Kaltluft stößt in tiefen Ausbuchtungen in niedrigere Breiten vor, was die Entstehung von Tiefdrucktrögen über dieser Kaltluft in der oberen Atmosphäre zur Folge hat. Analog dazu bildet sich über der vorstoßenden Warmluft ein Hochdruckkeil. Diese Phase der Wellenentwicklung ist oftmals mit der Entwicklung zyklonischer Stürme an der Erdoberfläche verbunden (vgl. STRAHLER U. STRAHLER 1999: 111). Insgesamt führen diese Vorgänge zu dem nötigen Austausch von Energie. Eine weitere Verengung der Höhentröge führt oftmals zu deren Abtrennung, dem so genannten cut-off-Effekt (vgl. WEISCHET 1991: 226). Aus der abgetrennten Kaltluftmasse wird nun ein abgeschlossenes Höhentief, eine Zyklone in der oberen Atmosphäre. Ebenso kann eine Einbuchtung warmer Luft abgetrennt werden, wodurch ein abgeschlossenes Höhenhoch, eine Antizyklone entsteht. Diese Kaltlufttropfen und Wärmeinseln lösen sich langsam in der sich wieder stabilisierenden Frontalzone auf, was aus der unteren Darstellung der Abbildung 3 deutlich wird. Zunächst haben die abgeschnittenen Zyklonen und Antizyklonen jedoch neben dem Luftmassenaustausch noch eine weitere Konsequenz: Sie behindern die allgemeine

Westwinddrift. Dieses, auch als blocking-action bezeichnete Phänomen führt zu veränderten Wetterlagen wie extremer Kälte in Westeuropa im Winter oder ergiebigen Regenfällen bei entsprechender Lage solcher Tief- oder Hochdruckgebiete (vgl. WEISCHET 1991: 228).

Insgesamt haben die Rossby-Wellen mit den abgetrennten Zyklonen und Antizyklonen also eine sehr wichtige Funktion zur Erhaltung der globalen Wärmebilanz. Der beschriebene Ablauf muss sich nicht zwangläufig wie im Modell äußern. Die Wellen entwickeln sich langsam, und die Ablösung von Wärmeinseln und Kältetropfen kann mehrere Tage dauern. Auch können die Wellen sich abschwächen, ohne dass zu einer Abtrennung kommt (vgl. STRAHLER u. Strahler 1999:111).

Ein weiterer Aspekt bei der Betrachtung der planetarischen Frontalzone ist die Entwicklung von Jetstreams oder Strahlströmen. Diese entstehen im oberen Teil der allgemeinen Westwinddrift und sind bei einer Mächtigkeit von mehreren hundert Metern 100 bis 200 km breit. Die Windgeschwindigkeiten betragen dort normalerweise 100 bis 200 km/h, räumlich und zeitlich begrenzt können jedoch auch Spitzenwerte von 400 bis 600 km/h erreicht werden (vgl. WEISCHET 1991: 229). Der Jetstream ist ein pulsartiger Luftstrom der sich ähnlich wie fließendes Wasser in einem Schlauch bewegt und bildet sich dort aus, wo äquatorwärts vorstoßende Luftmassen eine Verschärfung des Druckgefälles bewirken. Auf der West- bzw. Ostflanke des Tiefdrucktroges kommt es zur Konvergenz bzw. Divergenz der Isobaren. Abbildung 4 zeigt den Ryd-Scherhag-Effekt, der in dieser Situation entsteht. Ein in die Konvergenzzone eintreffendes Luftpaket hat eine Geschwindigkeit, die eigentlich für den dort herrschenden Druckgradienten zu klein ist. Da die Corioliskraft von der Geschwindigkeit abhängig ist, das Luftpaket aber auch einer gewissen Massenträgheit unterliegt, kann das Paket nicht so schnell beschleunigt werden, dass die steigende Ablenkung den zu hohen Gradienten ausgleicht. Es erfolgt eine Ablenkung in Richtung des Gradienten, also zum niedrigeren Luftdruck. Analog dazu gilt im Bereich der Divergenz der Höhenisobaren, dass aufgrund der nun stattgefundenen Beschleunigung die für den dort herrschenden Gradienten zu hohe Corioliskraft eine Ablenkung in Richtung des Hochdrucks, also entgegen dem Druckgradienten erfolgt. Grundsätzlich findet im Bereich konvergierender Höhenisobaren also stets ein Massentransport zum niedrigeren, im Bereich divergierender Isobaren ein Transport zum höheren Luftdruck statt (vgl. WEISCHET 1991: 144). Dieser Sachverhalt wird durch folgende Abbildung (oberer Teil) verdeutlicht.

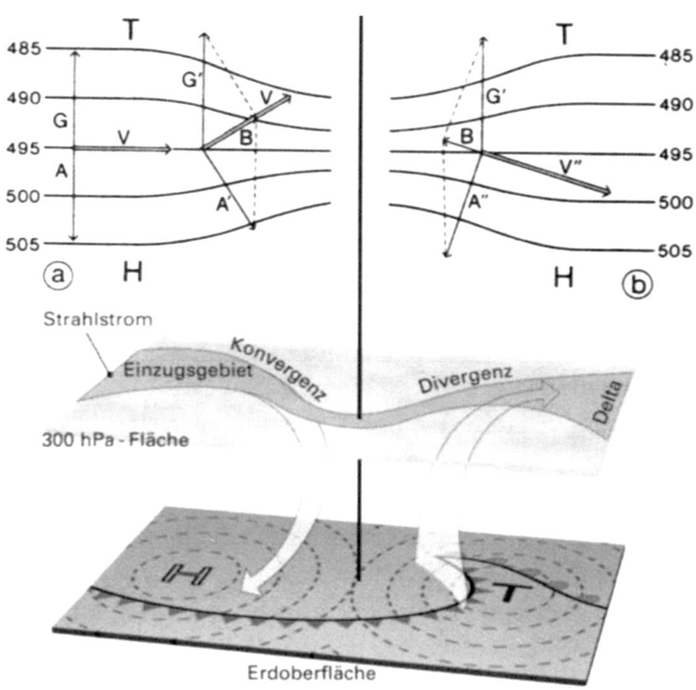

Abbildung 4: Konvergenz und Divergenz der Isobaren im Bereich des Jetstreams

Quelle: BENDER (2001: 28)

Durch seine mäandrierende Bewegung verursacht der Jetstream zusätzlich auf beiden Seiten so genannte Nährwirbel, die auf der Äquatorseite einer polseitigen Ausbuchtung eine antizyklonale Drehrichtung haben, auf der Polseite einer äquatorwärtigen Ausbuchtung einen zyklonalen Drehsinn aufweisen. Diese Wirbel bewegen sich im Zuge der Mäanderbewegung des Jetstreams mit ostwärts, werden jedoch aufgrund ihrer zunehmenden Breite mehr und mehr von der Corioliskraft beeinflusst und ändern etwas ihre Bahn, wie in folgender Abbildung deutlich wird.

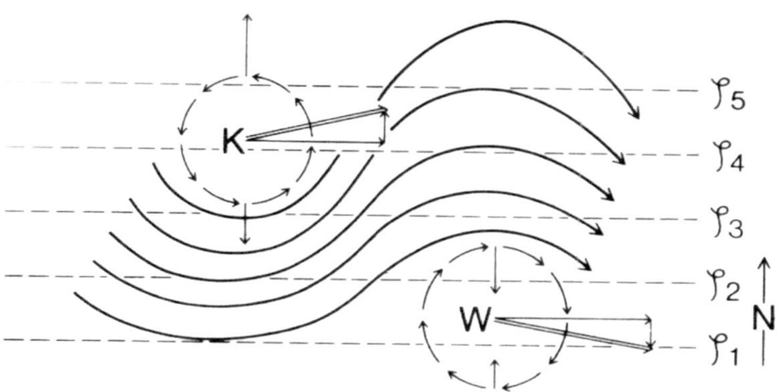

Abbildung 5: zyklonale und antizyklonale Wirbel der Westwinddrift

Quelle: BLÜTHGEN u. Weischet (1980: 520)

Da die Wirbel eine Ausdehnung von mehreren hundert km aufweisen, hat die Corioliskraft an Nord- und Südseite der Wirbel eine unterschiedlich starke Wirkung. Die Windbewegung einer Zyklone findet auf der NHK grundsätzlich gegen den Uhrzeigersinn statt, somit ist die nach rechts ablenkende Kraft auf der polwärtigen Seite größer als die äquatorwärts ablenkende Kraft auf der Südseite der Zyklone. Hieraus ergibt sich die Ostbewegung mit schwacher polwärtiger Komponente. Analog lässt sich für die Antizyklone eine schwache äquatorwärtige Komponente ausmachen (vgl. BLÜTHGEN U. WEISCHET 1980: 520).

Nach dieser Erklärung von Zyklonen und Antizyklonen in den höheren Bereichen der Atmosphäre werden im folgenden die Auswirkungen in den unteren Bereichen der Atmosphäre vorgestellt.

3.2 Zyklonen und Antizyklonen in der unteren und mittleren Troposphäre

a) Zyklonen

Zyklonen und Antizyklonen entstehen nicht nur durch oben genannte Rossby-Wellen, sondern auch als so genannte Wellenzyklonen, ebenfalls an der Polarfront (vgl. STRAHLER 1999: 154). Diese so genannten meso-scale-Störungen der außertropischen Westwinddrift unterlagern die Mäanderwellen der Höhenströmung. Beispielhaft sei hier die Entwicklung von Zyklonen und Zyklonenfamilien für den Raum zwischen Nordamerika und Europa dargestellt (vgl. BLÜTHGEN U. WEISCHET 1980: 527).

Zwischen polarer Kaltluft und tropischer Warmluft verläuft in der Mitte der von Islandtief und Azorenhoch die Polarfront, wobei diese auf einen Breitenabschnitt von wenigen hundert km verdichtet wird. Dieser Bereich mit einem sehr starken Temperaturgefälle wird auch als frontogenetischer Punkt bezeichnet. Durch die hohe Geschwindigkeit der aneinander vorbeiströmenden Luftmassen kommt es zu einer Instabilität der Polarfront. Eine übergelagerte nordostwärts ziehende Zyklone (vgl. Abb. 5) kann somit wellenartige Ausschläge in einer Länge von rund 1000 km auslösen. Nachdem diese Welle mit der Westwinddrift ostwärts abgezogen ist, bildet sich am frontogenetischen Punkt eine neue Welle. Während der Bewegung Richtung Osten durchlaufen die durch diesen Mechanismus entstehenden Zyklonen bestimmte Entwicklungsstadien, die zu unterschiedlichen Witterungsverhältnissen führen. Mehrer dieser hintereinander herziehenden Zyklonen werden als Zyklonenfamilie bezeichnet. Die genaue Entstehung und die einzelnen Entwicklungsstadien äußern sich wie folgt (vgl. WEISCHET 1991: 256f):

- Im Wellenstadium rückt die von Süden heranströmende Warmluft auf der Ost- bzw. der Vorderseite der Welle gegen die Kaltluft vor und beginnt auf einer schwach polwärts ansteigenden Fläche auf die Kaltluft aufzugleiten. Gleichzeitig strömt auf der West- bzw. Rückseite Kaltluft nach und hebt die leichtere Warmluft vom Boden ab. Auf diese Weise entstehen eine aufgleitende Warmfront und eine einbrechende Kaltfront. Über der Warmluft bildet sich in der Höhe ein Hochdruckrücken, während über der südwärts gerichteten Kaltluft ein Tiefdrucktrog entsteht. Analog zu den Vorgängen in Abb. 4 – allerdings in viel kleinerer Dimension – bildet sich ein Konvergenz- und Divergenzgebiet heraus, was zu Steig- und Fallgebieten des Luftdrucks am Boden führt. Das Gebiet fallenden Luftdrucks befindet sich an der nördlichen Rückseite des sich bildenden Wirbels. Dieser wiederum verstärkt die Hebung der Vorderseitenwarmfront sowie warmer Luft durch die Rückseitenkaltfront.

- Der Aufbau einer jungen Frontalzyklone als Tiefdruckgebiet mit geschossenen, konzentrischen Isobaren und gegen den Uhrzeigersinn Richtung Zentrum strömender Luft sowie Kalt- und Warmfront ist in nachfolgend abgebildet.

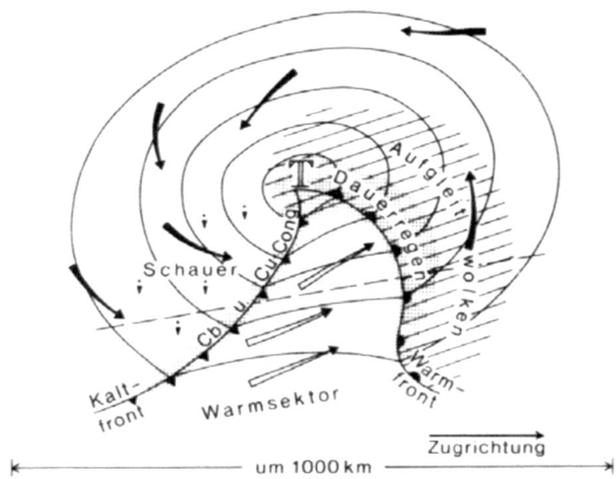

Abbildung 6: Modellhafter Aufbau einer jungen Frontalzyklone
Quelle: WEISCHET (1991: 257)

Bezüglich der vorherrschenden Temperaturen lässt sich festhalten, dass am Boden, zumeist auf der äquatorwärtigen Seite, ein Bereich warmer Luft besteht, während im übrigen Teil des Tiefdruckgebietes kältere Luftmassen vorherrschen. Beim Durchzug einer Zyklone ändert sich neben den Temperaturen auch die vorherrschende

Windrichtung.: Auf der Ostseite vor dem Warmluftgebiet herrscht meist südlicher Wind, im Warmluftsektor eher eine westliche Strömung, im Bereich der Kaltluft auf der Rückseite kommt es eher zu nordwestlichen oder nördlichen Windrichtungen. Die bereits erwähnte Aufgleitfläche am bodennahen Bereich vor der Warmfront hat eine Neigung von 0,3 – 1%. Die Aufstiegsbewegung führt zu umfangreicher Aufstiegsbewölkung, die sich zunächst durch leichte Cirruswolken, später durch Schichtwolken äußert. Bei Durchzug der Zyklone reißt hinter der Warmfront die Bewölkung auf, mit der einfallenden Kaltfront kommt es erneut zu Schauerniederschlägen. Nach dem Durchzug des Tiefdruckgebietes kommt es allmählich zur Wetterberuhigung.

-   Im weiteren Lebenszyklus der Zyklone trifft die sich etwas schneller bewegende labile Rückseitenkaltluft auf die stabil geschichtete Luft der Vorderseite, und damit auf die Vorderseitenkaltluft. Die Warmluft wird somit völlig vom Boden abgehoben und findet sich nur noch in der Höhe. Diese Anordnung der beiden unterschiedlich temperierten Kaltluftfronten sowie der Warmluftschale in der Höhe wird als Okklusion bezeichnet.

-   Auf dem Höhepunkt der beschriebenen Entwicklung der Okklusion hat sich der Luftdruck im Tiefdruckgebiet soweit abgesenkt, dass eine Sturmzyklone entsteht. Im weiteren Verlauf beginnt die Kaltluft das Tief jedoch vollständig zu umschließen. Dadurch lösen sich die Gegensätze zwischen Hochdruckkeil und Tiefdrucktrog in der Höhe jedoch auf, was auch den oben dargestellten Ryd-Scherhag-Effekt geringer werden lässt. Das Tiefdruckgebiet beginnt sich aufzufüllen.

Dieses Altern der Zyklone wird beim Auftreffen eines Wirbels auf das Festland beschleunigt. Durch die höhere Bodenreibung (siehe Kap. 2.2) und die damit verbundene niedrigere Windgeschwindigkeit kann die Corioliskraft nicht in vollem Umfang wirken und es kommt zur Konvergenz im Wirbel. Da auch die Okklusionen sich nicht mehr so schnell ostwärts bewegen, laufen nachfolgende Zyklonen auf die gealterten Wirbel auf. Die wichtigste europäische Region in der dieses Phänomen auftritt befindet sich zwischen Ostsee und dem nordwestlichen Russland.

b) Antizyklonen

Antizyklonen, also Hochdruckgebiete mit einer Drehrichtung im Uhrzeigersinn (NHK), sind dynamische Hochdruckgebiete, die sich aus den Hadley-Zellen des Passatgürtels ablösen und nord- bzw. südwärts wandern. Die in Kap. 2.3 angesprochene Reibung am Boden sorgt für ein langsames Ausfließen der Luft aus dem Hochdruckgebiet, was zu absinkenden und sich erwärmenden Luftmassen führt. Die sich dabei auflösende Bewölkung ist kennzeichnend für diese stabilen Schönwettergebiete. (vgl. MAUSER 2004).

3.3 Zusammenhang zwischen Rossby-Wellen und Zyklonen bzw. Antizyklonen

Nach den ausführlichen Schilderungen der Entwicklung von Rossby-Wellen und Zyklonen soll nun noch einmal der Gesamtzusammenhang anhand der umseitigen Abbildung 7 aufgezeigt werden. Der obere Teil zeigt schematisch den Verlauf des Jetstreams mit einem Hoch- bzw. Tiefdruckgebiet im unteren Teil der Atmosphäre, der untere Teil zeigt einen Längsschnitt der gestrichelten Linie im oberen Teil. Wie bereits in Kap. 3.1 angesprochen, kommt es auf der Westseite eines Tiefdruckgebietes beim Eingang in die Rossby-Welle zu einer Konvergenz der Strömung. Dabei entsteht der ebenfalls bereits erwähnte Massengewinn. Dieser Gewinn hat jedoch die Konsequenz, dass die Luft entlang der Achse des Jetstreams absinken muss, wie im unteren Teil der Darstellung zu erkennen ist. Dabei entwickelt sich eine antizyklonische Drehbewegung, so dass in der unteren Troposphäre eine Antizyklone entsteht. Analog dazu ergibt sich im Bereich der Divergenz beim Verlassen der Rossby-Welle ein Massenverlust. Da nun Luft aus den unteren Schichten der Atmosphäre nachströmen muss, entsteht ein bodennahes Tiefdruckgebiet. Die einsetzende zyklonische Drehung bewirkt wiederum die Entstehung einer typischen Wellenzyklone mit ihrem Frontensystem. Es lässt sich also folgern, dass Entstehung und Bewegungsbahn der Wellenzyklonen durch die Unregelmäßigkeiten der westlichen Höhenströmung herbeigeführt werden (vgl. STRAHLER U. STRAHLER 1999: 160).

Insgesamt lässt sich festhalten, dass im angesprochenen Bereich der Atmosphäre eine Vielzahl von Wechselwirkungen existiert, und die vorgestellten Abläufe eher modellierte Idealverläufe darstellen. Aufgrund des hohen Erklärungswertes wird in dieser Arbeit überdurchschnittlich viel mit Abbildungen gearbeitet, da eine bloße Beschreibung der Sachverhalte sehr umständlich bzw. nur schwer verständlich wäre.

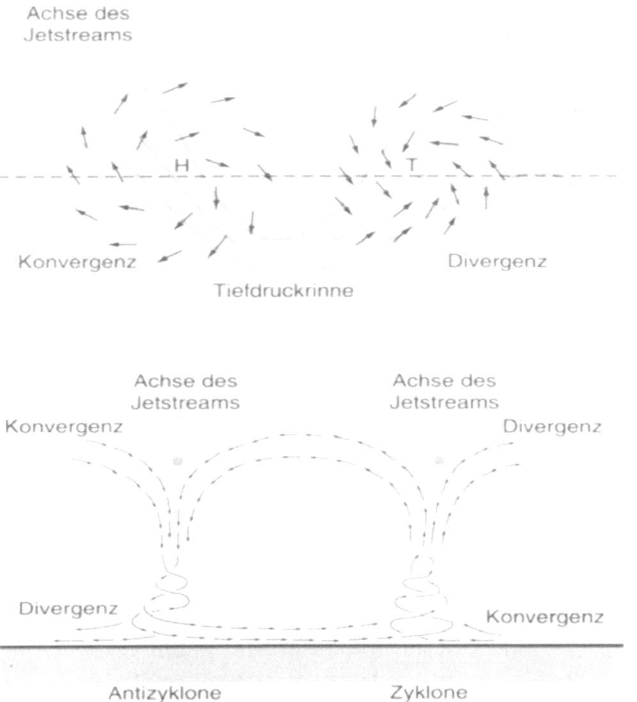

Abbildung 7: Darstellung der Verknüpfung der Höhenströmung mit Zyklonen und Antizyklonen

Quelle: STRAHLER U. STRAHLER (1999: 161)

Literatur

BENDER, H.-U. (2001): *Fundamente: Geographisches Grundbuch für die Sekundarstufe II.* Gotha.

BLÜTHGEN, J. u. WEISCHET, W. (1980): *Allgemeine Klimageographie.* Berlin – New York.

HÄCKEL, H. (1993): *Meteorologie.* Stuttgart.

HAGGETT, P. (1991): *Geographie. Eine moderne Synthese.* New York – Stuttgart.

HENDL, M. (2002): "Klima". In: Liedtke, H. u. Marcinek, J. (Hrsg.): *Physische Geographie Deutschlands.* Gotha – Stuttgart.

LESER, H. (Hrsg.) (2001): *Diercke Wörterbuch Allgemeine Geographie.* München – Braunschweig.

MAUSER, W. (2004): Internet Vorlesung Einführung in die Klimatologie. URL: http://www.geographie.uni-muenchen.de/iggf/Multimedia/Klimatologie/ kl_Hauptseite.htm (Abrufdatum 13.11.2004)

STRAHLER, A. H. u. STRAHLER, A. N. (1999): *Physische Geographie.* Stuttgart.

WEISCHET, W. (1991): *Einführung in die Allgemeine Klimatologie.* Stuttgart.